ACCESOS VASCULARES PARA HEMODIALISIS: CATETERES.6.2

INDICE

1.- Capítulo sexto: Catéteres venosos centrales

    1.1.- Anexos: Protocolos de actuación sobre complicaciones del catéter.

    1.2.- Bibliografía.

2.- Anexo : Indicadores de Calidad

3.- Metodología

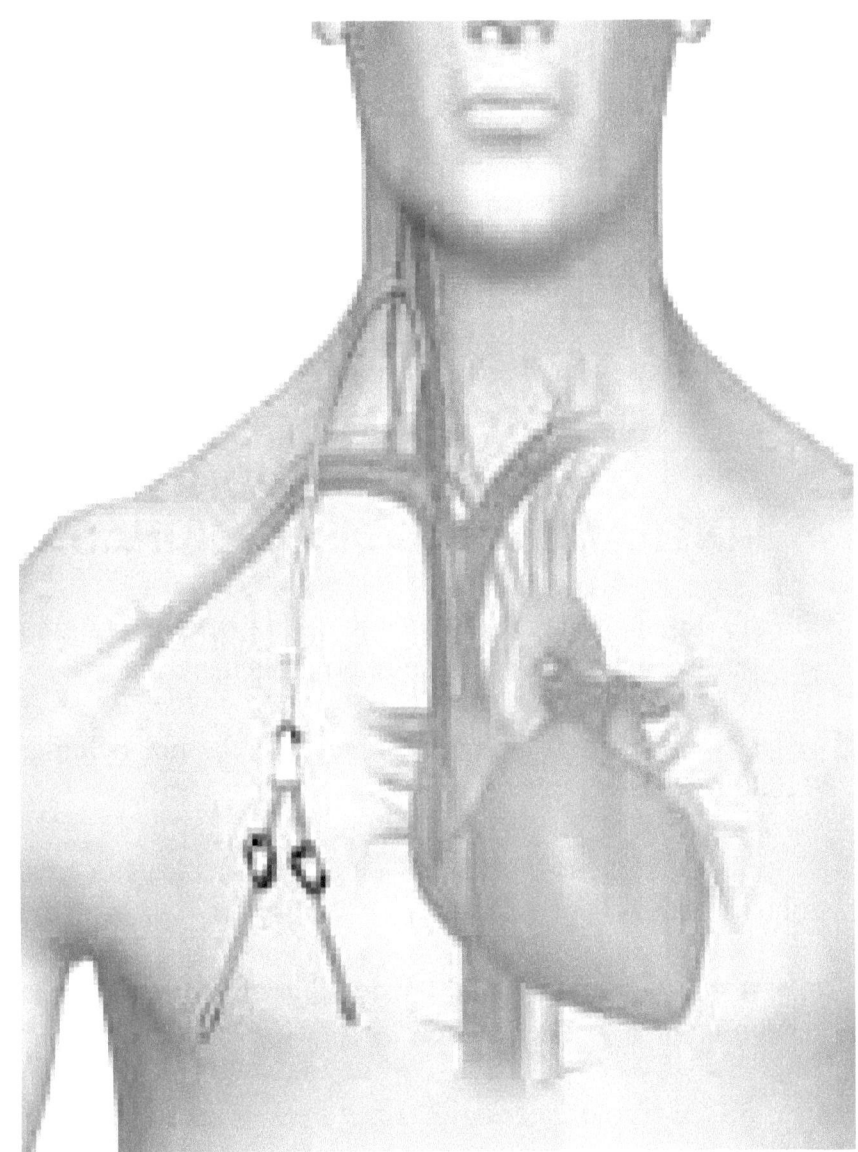

1.- Capítulo sexto: Catéteres venosos centrales

1.1.- Anexos: Protocolos de actuación sobre complicaciones del catéter.

ANEXO 1: PROTOCOLO DE ADMINISTRACION INTRALUMINAL DE UROKINASA

1.- Intentar aspirar a través de la luz ocluida con una jeringuilla estéril para tratar de remover la heparina.

2.- Inyectar 1 ml de urokinasa en la luz ocluida. (5.000 U/ml).

3.- Completar el llenado de la luz del catéter con solución salina heparinizada.

4.- Esperar 15 minutos e intentar la aspiración del contenido de la luz del catéter.

5.- Si fuese necesario, repetir el proceso hasta 3 veces.

6.- Si se ha podido dializar pero la desobstrucción no es completa, rellenar el catéter con 40.000 U de Urokinasa en 1 ml, de forma similar a la descrita en el punto 2, cerrarlo y dejar actuar entre 12 y 48 horas, repitiendo la aspiración del contenido antes de la siguiente sesión de diálisis.

ANEXO 2: PROTOCOLO DE ADMINISTRACIÓN SISTEMICA DE UROKINASA A BAJAS DOSIS

1.- Se realiza del 4º al 6º día de no respuesta al sellado con urokinasa intraluminal.

2.- Inyectar 10.000 U de urokinasa disueltas en 5 ml de salino en cada luz del catéter (más de 12.000 U pasan a la circulación).

3.-Comenzar la diálisis sin aspirar la urokinasa. Se puede usar heparina, preferiblemente de bajo PM a dosis de ½ mg por kg de peso en una sola dosis. Si no se obtiene un flujo adecuado repetir la misma operación hasta 2 veces con intervalos de media hora durante la sesión de diálisis.

4.- Si no se obtiene respuesta satisfactoria, se puede repetir el protocolo con 20..000 UI de urokinasa en cada luz, o pasar al protocolo de urokinasa a altas dosis, o cambiar el catéter.

ANEXO 3

PROTOCOLO DE ADMINISTRACIÓN SISTEMICA DE UROKINASA A ALTAS DOSIS

1.- Se realiza a partir del 6° día.

2.- Disolver 250.000 U de urokinasa en 100 ml de salino e infundirlo a través de una luz durante 30 minutos. Intentar iniciar la diálisis a continuación.

3.-Si esta medida no permite un flujo eficaz para la diálisis se repetirá la misma dosis que se administrará lentamente durante las horas de diálisis (no se usará heparina en esa sesión).

4.- Debe repetirse la infusión de urokinasa en las dos siguientes sesiones de diálisis hasta que el flujo sea adecuado.

5.- Se recomienda en aquellos pacientes que necesiten la aplicación de urokinasa a altas dosis en dos ocasiones la administración de anticoagulación con warfarina.

ANEXO 4
PROTOCOLO DE ADMINISTRACION DE FACTOR ACTIVADOR DE PLASMINOGENO.

PREPARACION

1.- Viales de 50 mg.

2.- Reconstruir el enzima en 25 ml, a una concentración de 2 mg/ml.

3.- Preparar alícuotas de 1 ml y conservar a temperatura de -70°C.

4.- Usar inmediatamente tras la descongelación.

TECNICA DE USO

1.- Aspirar la luz para extraer la heparina.

2.- Inyectar 1 ml (2 mg) en la luz ocluida.

3.- Llenar el remanente con salino.

4.- Esperar 15 min e inyectar 0,3 ml de salino para movilizar el enzima.

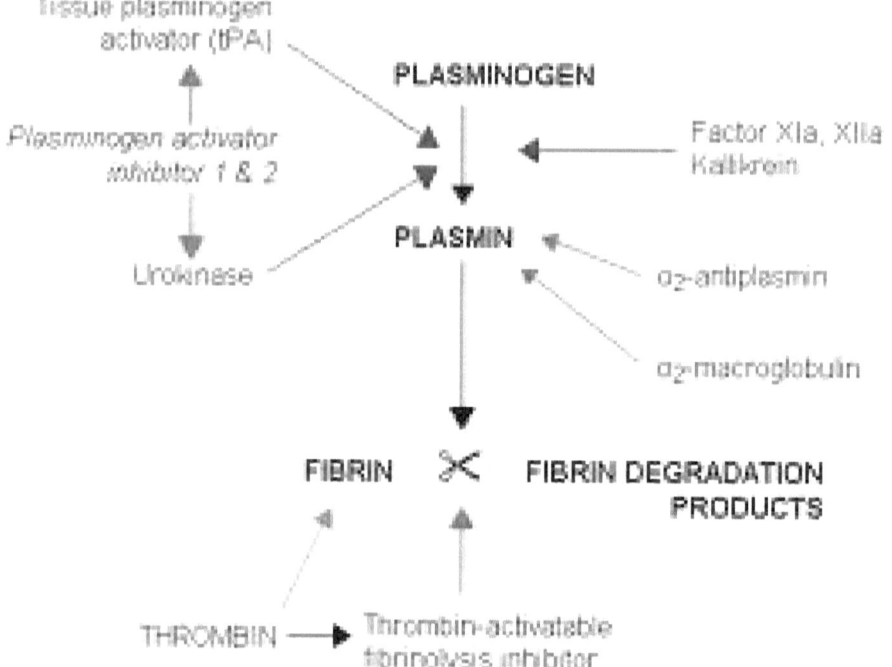

5.- Repetir la misma acción tras otros 15 min.

6.- Tras esperar 15 min aspirar el contenido del catéter.

7.- Si tras esta maniobra no se restablece el flujo, se puede repetir de nuevo.

8.- Si no resulta eficaz, es preferible cambiar el catéter.

ANEXO 5
DEFINICIONES DE LAS INFECCIONES RELACIONADAS CON EL USO DE LOS CATETERES VASCULARES

COLONIZACION CATETER

Crecimiento de microorganismos ya sea por cultivo cuantitativo o semicuantitativo de cualquier segmento del catéter (punta, conexión) sin que existan signos clínicos de infección en el punto de entrada ni signos clínicos de sepsis.

Flebitis Induración o eritema con calor, dolor o inflamación alrededor del punto de entrada del catéter y, a veces, visible en el trayecto del mismo.

INFECCION DEL PUNTO DE ENTRADA

- Microbiológica Signos locales de infección en el punto de inserción más crecimiento de microorganismo en el exudado de la zona con / sin hemocultivos positivos simultáneos
- Clínica Eritema, inflamación con / sin induración en los 2 cm de trayecto que siguen al punto de inserción del catéter. Puede asociarse a otros signos y síntomas de infección como son fiebre o salida de material purulento en la zona de salida, con / sin bacteriemia asociada.

INFECCION DEL TUNEL

Inflamación, eritema y/o induración del trayecto tunelizado del catéter a más > 2 cm del punto de inserción con / sin bacteriemia asociada.

INFECCION DEL BOLSILLO

Fluido infectado en el bolsillo subcutáneo, asociado frecuentemente a eritema, inflamación y/o induración encima del bolsillo, ruptura y drenaje espontáneo, necrosis de la piel, con / sin bacteriemia asociada.

BACTERIEMIA O (FUNGUEMIA) RELACIONADA CON CATETER:

- Relacionada con infusión. Aislamiento del mismo microorganismo en la infusión y en hemocultivo percutáneo sin otra fuente de infección identificable

- Relacionada con catéter (tras retirada catéter). Aislamiento del mismo microorganismo (especie y antibiograma) en hemocultivo periférico y cultivo semicuantitativo positivo (> 15 UFC por segmento de catéter) o cuantitativo (> 103 UFC por segmento de catéter) de punta de catéter.

- Relacionada con catéter (sin retirada catéter). Sepsis sin otro foco evidente en la que se aísla, en hemocultivos cuantitativos simultáneos, una proporción >5:1 en las muestras obtenidas a través del catéter respecto a la de venopunción o un tiempo diferencial >120 minutos si ambas muestras se extraen de forma simultánea.

- Probablemente relacionada con catéter. En ausencia de cultivo de catéter, episodio de bacteriemia cuya sintomatología desaparece a las 48 horas de la retirada de la línea venosa y sin que exista otro foco evidente de infección.

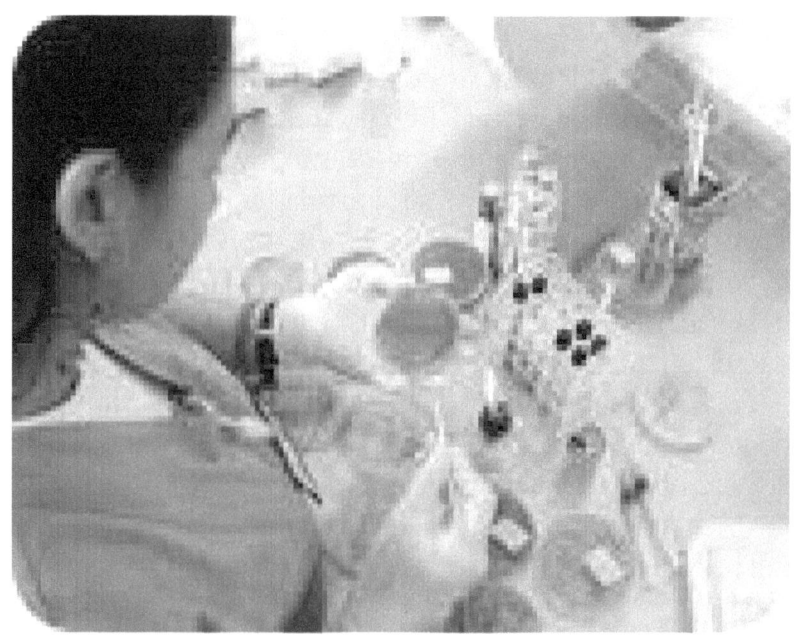

ANEXO 6

METODOLOGIA PARA LA REALIZACION DE LOS HEMOCULTIVOS CUANTITATIVOS.

Método cuantitativo:

Informa del número exacto de bacterias o unidades formadoras de colonias (UFC) por ml de sangre sembrada. Se ha de obtener entre 1-3 ml de sangre a partir de la luz del / los catéter / es y se inocula en un tubo estéril específico (Diagnolab® Ref. 4960), previa desinfección del tapón. En cada tubo hay que especificar la procedencia de la sangre de cada una de las luces del catéter. Se han de extraer además 3 ml de sangre por venopunción, que se inocularán también en un tubo de los anteriormente mencionados. El traslado ha de ser inmediato al Servicio de Microbiología dentro del horario laboral; si no fuese posible, o durante la noche, se han de guardar los tubos en una nevera a 4° C.

Método cualitativo:

Informa en caso de su positividad de la etiología de la bacteriemia y puede compararse con los resultados del método cuantitativo. Se ha de realizar, de forma simultánea al método cuantitativo, la extracción de sangre por venopunción y su inoculación en frascos de hemocultivos estándares. Es significativo cuando existen diferencias mayores de 120 minutos en el crecimiento entre las muestras extraídas.

ANEXO 7
ANTIMICROBIANOS PARA EL TRATAMIENTO ETIOLOGICO DE LAS INFECCIONES RELACIONADAS CON LOS CATETERES VASCULARES

Microorganismo	Terapia de elección	Terapia alternativa
Gram positivos:		
S. aureus Cloxa S	Cloxacilina	Cefazolina/Vancomicina
S. aureus Cloxa R	Vancomicina	Teicoplanina/Linezolid
S. coagulasa negativo	Vancomicina	
Enterococcus Ampi S	Ampicilina	Vancomicina
Enterococcus Ampi R	Vancomicina	Linezolid
Gram negativos:		
E. coli, Klebsiella spp.	Cefalosporina 3ª generación	Fluorquinolona
Enterobacter spp.	Carbapenem	Adaptar al antibiograma
Acinetobacter spp.	Carbapenem	Adaptar al antibiograma
S. maltophilia	TMP-SMZ	Adaptar al antibiograma
P. aeruginosa	Ceftazidima	Adaptar al antibiograma
Otros BGN	Adaptar al antibiograma	
Levaduras:		
Candida spp.	Fluconazol	Anfotericina B
		Caspofungina
		Voriconazol

1.2.-BIBLIOGRAFIA:

1. United States Renal Data System. Treatment modalities for ESRD patients. Am J Kidney Dis. 1998; 32 (supp 1) : S50 – S59.
2. Pisoni RL, Young EW,Dykstra DM, Greewood RN, Hecking E, Gillespi B, Wolfe RA,Goodkin DA, Held PJ. Vascular access use in Europe and the United States: Results from the DOPPS. Kidney Int 2002 ; 61: 305 – 316.
3. Rodriguez JA, Lopez Pedret J, Piera L y grupo de trabajo AV SEN. El acceso vascular en España: Análisis de distribución, morbilidad y sistemas de monitorización. Nefrología 2001; 21: 45 – 51.
4. Palder SB, Kirkman RL, Whittermore AD, HakimRM, Lazarus JM, Tinley LM. Vasculer access for hemodialysis : Patency rates and results of revision. Ann Surg 1985; 202: 235 – 239.
5. Harlan LC: Placement of permanent vascular access devices: Surgical considerations. Adv Ren Replace Ther 1994; 1: 99 – 106.
6. Fan P, Schwab SJ: Vascular access – Concepts for 1990´s. J Am Soc Nephrol 1992; 3: 1 – 11.
7. Albers F: Causes of hemodialysis access failure. Adv Ren Replace Ther 1994; 1: 107 – 118.
8. Butterly D, Schwab SJ. The case against chronic venous hemodialysis access. J Am Soc Nephrol 2002; 13: 2195 – 2197.
9. Canaud B, Leray- Moragues H, Garred LJ, Turc- Baron C, Mion C. What is the role of permanent central vein access in hemodialysis patients? Seminars in Dialysis. 1996; 9 (5): 397 – 400.

10. Schwab,SJ, Buller GL, Mac Cann RL, Bollinger RR, Stickel DL. Prospective evaluation of a Dacron cuffed hemodialysis catheter for prolongated use. Am J Kidney Dis.1988; 11: 166 – 169.
11. Moss AH, Mc Laughlin MM, Lempert KD, Holley JL. Use of a silicone catheter with a Dacron cuff for dialysis short-term vascular access. Am J Kidney Dis. 1988; 12: 492- 498.
12. Weijmer MC, Vervloet MG, Piet M, ter Wee. Compared to tunnelled cuffed hemodialysis catheters, temporary untunnelled catheters are associated with more complications already 2 weeks of use. Nephol Dial Transplant 2004; 19: 670 – 677.
13. Schwab SJ, Beathard G. The hemodialysis catheter conundrum: Hate living with them, but can't live without them. Kidney International 199; 56: 1–17.
14. Z J Twardowski. Vascular access for hemodialysis: an historical perspective of intravenous catheter. The journal of vascular access 2000; 1. 42 – 45.
15. Stephen R. Ash. The evolution and function of central venous catheters for dialysis. Seminars in dialysis 2001; 14 (6): 416 – 424.
16. Matthew J. Oliver. Acute dialysis catheter. Seminars in dialysis 2001; 14 (6): 432 – 435.
17. Richard HM. Hastings GS. Boyd-Kranis RL. Murthy R. Radack DM. Santilli JG. Ostergaard C. Coldwell DM. A randomized, prospective evaluation of the Tesio, Ash split, and Opti-flow hemodialysis catheters. J Vasc Interv Radiol. 2001 ; 12(4): 431-4355.
18. Trerotola SO, Johnson MS, Harris VJ, Shah H, Ambrosius WT, McKusky MA, Kraus MA. Outcome of tunnelled hemodialysis catheters placed via the right

internal jugular vein by interventional radiologists. Radiology 1997; 203: 489 –493.
19. Perini S, LaBerge JM, Peral JM, Santiestiban HL, Ives H E, Omachi RS, Graber M, Wilson MW, Marder SR, Don BR, Kerlan RK, Gordon RL. Tesio catheter: radiologically guied placement, mechanical performance, and adecuacy of delivered dialysis. Radiology 2000; 215: 129 – 137.
20. Wivell W, Bettmann M, Baxter B, Langdon D, Remilliard B, Chobanian M. Outcome and performance of the Tesio TWIN catheter system placed for hemodialysis access. Radiology 2001; 221: 687 – 703.
21. Donald Schon and David Whittman. Managing the complications of long-term tunneled dialysis catheter. Seminars in Dialysis 2003; 16(4): 314–322.
22. Mc Gee DC, Gould MK. Preventing complications of central venous catheterization. N Engl J Med 2003; 348 : 1123 – 1133.
23. Bernard Jean-Marie Canaud. Internal jugular vein cannulation for hemodialysis. In Andreucci V.E.: Vascular and peritoneal access for dialysis. Kluwer Academic Publishers: 1989; 169 – 192.
24. Mauro MA, Jaques PF. Insertion of Long-term Hemodialysis Catheters by Interventional Radiologists: The Trend Continues. Radiology 1996; 198:316-317.
25. Trerotola SO. Hemodialysis Catheter Placement and Management. Radiology 2000; 215:651-658.
26. Lewis CA, Allen TE, Burke DR et al. Quality Improvement Guidelines for Central Venous Acces. J Vasc Interv Radiol 2003; 14:S231-S235.
27. Lund GB, Trerotola SO, Schell PF jr et al. Outcome of Tunneled Hemodialysis Catheters Placed by Radiologists. Radiology 1996; 198:467-472.

28. Silberzweig JE, Sacks D et al. Reporting Standards for central Venous Access. J Vasc Interv Radiol 2003; 14:S443-S452.
29. Trerotola SO. The Dialysis Outcomes Quality Initiative: Get Your Copy Now! J Vasc Interv Radiol 2003; 14:S353-S354.
30. GB Lund, SO Trerotola, PF Schell, SJ Savader, SE Mitchell, AC Venbrux, FA Osterman. Outcome of tunneled hemodialysis catheters placed by radiologists. Radiology 1996; 198 : 467 – 472.
31. Jack Work.- Chronic catheter placement. Seminars in dialysis 2001; 14 (6): 436 – 440.
32. F. Schillinger, D. Schillinger, R. Montagnac, T. Milcent. Postcatheterisation vein stenosis in hemodialysis: comparative abngiographic study of 50
subclavian and 50 internal jugular access. Nephrol Dial Transplant 1991; 6: 722 – 724.
33. Cimochowski GE, Worley E, Rutherford WE et al. Superiority of the internal jugular over the subclavian access for temporary dialysis. Nephron 1990;54(2):154-61.
34. Trerotola SO, Kuhn-Fulton J, Johnson MS et al. Tunneled infusion catheters: increased incidence of symptomatic venous thrombosis after subclavian versus internal jugular venous access. Radiology 2000; 217(1): 89-93.
35. Craft PS, May J, Dorigo A et al. Hickman catheters: left-sided insertion, male gender, and obesity are associated with an increased risk of complications. Aust N Z J Med 1996; 26 (1):33-9.
36. Nazarian GK, Bjarnason H, Dietz CA Jr et al. Changes in tunneled catheter tip position when a patient is upright. J Vasc Interv Radiol 1997; 8 (3): 437-41.

37. Kowalski CM, Kaufman JA, Rivitz SM et al. Migration of central venous catheters : implications for initial catheter tip positioning. J Vasc Interv Radiol 1997; 8 (3):443-7.
38. Schummer W, Schummer C, Fritz H. Perforation of the superior vena cava due to unrecognized stenosis. Case report of a lethal complication of central venous catheterization. Anaesthesist 2001; 50 (10):772-7.
39. Duntley P, Siever J, Korves ML et al. Vascular erosion by central venous catheters. Clinical features and outcome. Chest 1992; 101 (6):1633-8.
40. Collier PE, Goodman GB. Cardiac tamponade caused by central venous catheter perforation of the heart: a preventable complication. J AM Coll Surg 1995; 181 (5):459-63.
41. Verdino RJ, Pacifico DS, Tracy CM. Supraventricular tachycardia precipitated by a peripherally inserted central catheter. J Electrocardiol 1996; 29 (1):69-72.
42. Warady BA, Sullivan EK, Alexander SR. Lessons from the peritoneal dialysis patient database: a report of the North American Pediatric Renal Transplant Cooperative Study. Kidney Int 1996; Suppl 53: S68–S7
43. Lin BS, Kong CW, Tarng DC, Huang TP, Tang GJ: Anatomical variation of the internal jugular vein and its impact on temporary hemodialysis vascular access: An ultrasonographic survey in uraemic patients. Nephrol Dial Transplant 1998; 13: 134 – 138.
44. Randolph AG, Cook DJ, Gonzales CA, Pribble CG : Ultrasound guidance for placement of central venous catheters: A meta-analysis of the literature. Crit Care Med 1996; 24: 2053 – 2058.
45. Maki DG, Ringer M,Alvarado CJ. Prospective randomised trial of povidoneiodine, alcohol and

clorhexidine prevention of infection associated with central venous and arterial catheters. Lancet 1991: 338: 339 – 343.
46. Levin A, Mason AJ, Jindall KK, Fong IW, Goldstein MB. Prevention of hemodialysis subclavian vein catheter infection by topical povidone-iodine.
Kidney Int 1991; 40: 934 – 938
47. von EiffC, Becker K, MachkaK, Stammer H,Peter G. Nasal carriage as a source of staphylococcus aureus bacteremia. N EngL J Med 2001; 344. 11-16
48. Zakrzewska Bode A, Muytjens HL, Liem KD, Hoodkamp-Korstanje JA. Mupirocin resistence in coagulase negative staphylococci, after prophylaxis for the reduction of colonization of central venous catheters. J Hosp Infect 1995; 31: 189 – 193.
49. Diskin CJ, Stokes TJ Jr, Pennell AT. Pharmacologic intervention to prevent hemodialysis vascular access thrombosis. Nephron. 1993;64(1):1-26.
50. Obialo CI, Conner AC, Lebon LF. Maintaining patency of tunneled hemodialysis catheters--efficacy of aspirin compared to warfarin. Scand J Urol Nephrol. 2003; 37(2):172-176.
51. Mokrzycki MH, Jean-Jerome K, Rush H, Zdunek MP, Rosenberg SO. A randomized trial of minidose warfarin for the prevention of late malfunction in tunneled, cuffed hemodialysis catheters. Kidney Int. 200; 59(5):1935-1942.
52. Sanchez Perales MC. Vazquez E. Garcia Cortes MJ. Borrego FJ. Borrego J. Perez del Barrio P. Liebana A. Gil JM. Viedma G. Perez Banasco V. Antiagregación plaquetaria y riesgo hemorrágico en hemodiálisis. Nefrologia. 2002; 22(5):456-62.

53. Theodore F. Saad. Central venous dialysis catheters: catheter – associated infection. Seminars in dialysis 2001; 14 (6): 446 -451.
54. Paul V. Suhocki, Peter J Conlon, Jr,MB (FRCP), Mark H. Knelson, Robert Harland, Steve J. Schwab.. Silastic cuffed catheters for hemodialysis vascular access:Trombolytic and mechanical correction of malfunction. Am J Kidney Dis 1996; 28(3): 379 – 386.
55. Thomas A Depner. Catheter perfomance. Seminars in dialysis 2001; 14 (6): 425 – 431.
56. Curtis A Lewis, Timothy E Allen, Dana R Burke, John F Cardela, Steven J Citron, Patricia E Cole, Alain T Drooz, Elizabeth A Drucker, Ziv J Haskal, Louis G Martin, A Van Moore, Calvin D Neithamer, Steven B Oglieve, Kennet S Rholl, Anne C Roberts, David Sacks, Orestes Sanchez, Anthony Venbrux, Curtis W Bakal, for the society of intervencional radiology standars of practice committee. Quality improvement guidelines for central venous access. J Vas Interv Radiol 1003; 14: S231 – S235.
57. Zbylut J Twardowski. What is the role of permanent central vein access in hemodialysis patients? Seminars in dialysis 1996; 9(5): 394 – 395
58. NKF-DOQI. Clinical practice guidelines for vascular access. Guideline 23: treatment of tunneled cuffed catheter dysfunction. Am J Kidney Dis 1997;30 (suppl3): S175 – S176.
59. Gerard A Beathard. The use and complications of catheters for hemodialysis vascular access. Catheter trombosis. Seminars in dialysis 14 (6) : 441-445, 2001.
60. Zbylut J Twardowski. The clotted central vein catheter for hemodialysis. Nephrol Dial Transplant 13 : 2203 – 2206 ; 1998.

61. Savader SJ, Haikal LC, Porter DJ, Oteham AC, : Hemodialysis catheter–associated fibrin sheaths : treatment with a low-dose rt-PA infusion. J Vasc Interv Radiol 11: 1131 – 1136, 2000.
62. Brady PS, Spence LD, Levitin A, Mickolich CT, Dolmatch DL. Efficacy of percutaneus fibrin sheath stripping in restaurance patency of tunneled hemodialysis catheter. Am J Roentgenol 173: 1023 – 1027; 1999.
63. Kairaitis LK, Gottlieb T. Outcome and complications of temporary hemodialysis catheters. Nephrol Dial Transplant 14: 1710 – 1714; 1999.
64. Beathard GA. Management of bacteremia associated with tunnelled cuffed hemodialysis. J Am Soc Nephrol. 10: 1045 – 1049: 1999.
65. Kieren A Marr, Daniel J Sexton, Peter J Conlon, G. Ralph Corey, Steven J Schwab, Kathryn B Kirkland. Catheter – related bacteremia and outcome of attemped catheter salvage in patients undergoing hemodialysis. Ann Intern Med 127 (4): 275 – 280.
66. Derrick Robinson, Paul Suhocki, Steven J Schwab. Treatment of infected tunneled venous access hemodialysis wih guidewire exchange. Kidney International 1998; 53: 1792 – 1794.
67. Kovalic E, Albers F, Raymond J Conlon : A clustering of cases of spinal epidural abscess in hemodialysis patients. J Am Soc Nephrol 1996; 7 : 2264–2267.
68. Raad II, Sabbagh MF, Raand KH, Sherertz RJ. Quantitative tip culture methods and the diagnosis of central venous catheter – related infections. Diag Microbiol Infect Dis 1992; 15: 384.
69. Capdevila JA, Planes AM, Palomar M, Gasser I, Almirante B, Pahissa A, Crespo E, Martinez-Vazquez JM. Value of differential quantitative blood cultures in the

diagnosis of catheter-related sepsis. Eur J Clin Microbiol Infect Dis 1992; 11:403-407.
70. Rello J, Gatell JM, Almirall J, Campistol JM, Gonzalez J, Puig de la Bellacasa J. Evaluation of culture techniques for identification of catheter-related infection in hemodialysis patients. Eur J Clin Microbiol Infect Dis 1989; 8:620-622.
71. Marr KA, Sexton DJ, Conlon PJ, Corey GR, Schwab SJ, Kirkland KB. Catheter-related bacteremia and outcome of attempted catheter salvage in patients undergoing hemodialysis. Ann Intern Med 1997; 127:275-280.
72. Almirall J, Gonzalez J, Rello J, Campistol JM, Montoliu J, Puig de la Bellacasa J, Revert L, Gatell JM. Infection of hemodialysis catheters: incidence and mechanisms. Am J Nephrol 1989; 9:454-459.
73. Kessler M, Canaud B, Pedrini MT, Tattersall JE, ter Wee PM, Vanholder R, Wanner C. European Best Practice Guidelines for Haemodialysis (Part 1) Nephrol Dial Transplant 2002; 17 (Suppl. 7)
74. Oliver MJ, Callery SM, Thorpe KE, Schwab SJ, Churchill DN. Risk of bacteremia from temporary hemodialysis catheters by site of insertion and duration of use: a prospective study. Kidney Int 2000; 58: 2543-2545.
75. Nassar GM and Ayus JC. Infectious complications of the hemodialysis access. Kidney Int 2001; 60:1-13.
76. Tanriover B, Carlton D, Saddekni S, Hamrick K, Oser R, Westfall AO, Allon M. Bacteremia associated with tunneled dialysis catheters: comparison of two treatment strategies. Kidney Int 2000; 57:2151-2155.
77. Vijayvargiya R and Veis JH. Antibiotic-resistant endocarditis in a hemodialysis patient. J Am Soc Nephrol 1996; 7:536-542.

78. Kovalik EC, Raymond JR, Albers FJ, Berkoben M, Butterly DW, Montella B, Conlon PJ. A clustering of epidural abscesses in chronic hemodialysis patients: risks of salvaging access catheters in cases of infection. J Am Soc Nephrol 1996; 7:2264-2267.
79. Krishnasami Z, Carlton D, Bimbo L, Taylor ME, Balkovetz DF, Barker J, Allon M. Management of hemodialysis catheter-related bacteremia with an adjunctive antibiotic lock solution. Kidney Int 2002; 61:1136-1142.
80. Boorgu R, Dubrow AJ, Levin NW, My H, Canaud BJ, Lentino JR, Wentworth DW, Hatch DA, Megerman J, Prosl FR, Gandhi VC, Ing TS. Adjunctive antibiotic/anticoagulant lock therapy in the treatment of bacteremia associated with the use of a subcutaneously implanted hemodialysis access device. ASAIO J 2000; 46: 767-770.
81. Poole CV, Carlton D, Bimbo L, Allon M. Treatment of catheter – related bacteraemia with an antibiotic lock protocol: effect on bacterial pathogen. Nephrol Dial Transplant 2004; 19: 1237-1244.
82. Kikuchi S, Muro K, Yoh K, Iwabuchi S, Tomida C, Yamaguchi N, Kobayashi M, Nagase S, Aoyagi K, Koyama A. Two cases of psoas abscess with discitis by methicillin-resistant Staphylococcus aureus as a complication of femoral-vein catheterization for haemodialysis. Nephrol Dial Transplant 1999; 14: 1279-1281.
83. Nielsen J, Ladefoged SD, Kolmos HJ. Dialysis catheter-related septicaemia-focus on Staphylococcus aureus septicaemia. Nephrol Dial Transplant 1998; 13: 2847-2852.

84. Dobkin JF, Miller MH, Steigbigel NH. Septicemia in patients on chronic hemodialysis. Ann Intern Med 1978; 88:28-33.

2.-ANEXO: INDICADORES DE CALIDAD

ELABORADOS POR EL "**Grupo de Gestión de Calidad de la SEN**". Componentes: Dres.Fernando Alvarez Ude, Manuel Angoso, Dolores Arenas, Guillermina Barril, Carlos Caramelo, Ramón Delgado, Fernando García López, Juan García Valdecasas, Enrique Gruss, Pedro Jiménez Almonacid, Katia López Revuelta,Alberto Martínez Castelao, Jorge Martínez Ara, Jose Luis Miguel Alonso, Alberto Ortiz, Mª Dolores del Pino y Pino, Jose Portolés, Carmen Prados Soler, Paloma Sanz, Ana Tato

2.1.-Indicador: Porcentaje de pacientes incidentes con acceso vascular permanente

Criterio: Una planificación adecuada del inicio de HD en la etapa de prediálisis debe incluir la realización anticipada de un acceso vascular.

Formula:
Numerador: 100 x número de pacientes con acceso vascular permanente
Denominador: Número de pacientes incidentes en el periodo de estudio

Unidades: %

Periodicidad: anual

Estándar: 80%

Comentarios: En el estudio DOPPS en Europa un 66% de los pacientes inician diálisis con un acceso vascular autólogo (71% en España); 31% con catéteres (24% en España) y 2% con prótesis (5% en España). Las guías DOQI recomiendan como objetivo a alcanzar que un 50% de los pacientes inicien diálisis con una FAVI autóloga. En el estudio del acceso vascular en España solo un 56% de los pacientes comienzan diálisis a través de un acceso vascular permanente. Hoy en día probablemente sea razonable en nuestro medio que al menos un 80% de pacientes comiencen diálisis con un acceso vascular permanente dado el elevado número de pacientes que no pasan por la consulta de prediálisis

Bibliografía:

1. -NKF-K/DOQI: Clinical practice guidelines for vascular access: update 2000. Am J Kidney Disease 37 (1). 2001.
2. Vascular access use in Europe and the United States: Results from the DOPPS. Kidney International, Vol 61 (2002); 305-316.
3. -El acceso vascular en España: análisis de su distribución, morbilidad y sistemas de monitorización. JA Rodríguez Hernández, J. López Peret y L. Piera. Nefrología Vol XXI: 45-51. 2001.

2.2.- Indicador: Tasa anual de trombosis de FAV

Criterio: La tasa de trombosis de la FAVI es un indicador de calidad del seguimiento y mantenimiento de su permeabilidad por parte de enfermería, nefrólogo, radiólogo y cirujano. Para valorar los resultados hay que diferenciar FAV autólogas de FAV-PTFE.

Formula:
Numerador: Número de trombosis en FAV-autologa en el año en estudio
Denominador: Numero de pacientes año en riesgo con FAV-autologa

Formula:
Numerador: Número de trombosis en FAV-PTFE en el año en estudio
Denominador: Numero de pacientes año en riesgo con FAVI PTFE

Unidades: Tasa

Periodicidad: anual

Estándar: 0,25 en FAVI autólogas y 0,50 en FAV-PTFE

Comentarios: Los únicos objetivos claros a alcanzar en trombosis de acceso vascular son los de las guías KDOQI. En España hay estudios que muestran una tasa de trombosis anual de 0,1 si bien en dicho estudio sólo un 10% de FAVI son PTFE y no diferencia tasas de trombosis según el tipo de FAV.

Bibliografía:

1. -NKF-K/DOQI: Clinical practice guidelines for vascular access: update 2000. Am J Kidney Disease 37 (1). 2001.
2. -. Rodríguez JA, Lopez J, Cleries M et al. Vascular acces for haemodialysis-an epidemilogical study of the Catalan Renal Registry. Nephrol Dial Transplant.1999 14:1651-1657

2.3.-INDICADORES DE ADECUACIÓN Y ACCESO VASCULAR NO PRIORITARIOS

A.- Indicador: Porcentaje de pacientes prevalentes con FAVI autóloga

Criterio: Intentar conseguir que la mayoría de pacientes se dialicen a través de un FAVI autóloga por su conocido menor número de complicaciones debe ser un indicador prioritario de calidad de toda unidad de diálisis.

Formula:
Numerador: 100 x número de pacientes prevalentes con FAVI autóloga en la última sesión del período de estudio
Denominador: Numero de pacientes prevalentes en el periodo de estudio
Unidades: %

Periodicidad: anual

Estándar: 80%

Comentarios: En el estudio DOPPS un 80% de los pacientes prevalentes en Europa, (82% en España) presentan una FAVI autóloga vs 24% en USA. En el estudio multicentrico español un 81% se dializa a traves de una FAVI

Referencias:

1) -NKF-K/DOQI: Clinical practice guidelines for vascular access: update 2000. Am J Kidney Disease 37 (1). 2001.
2) Vascular access use in Europe and the United States: Results from the DOPPS. Kidney International, Vol 61 (2002); 305-316
3) --El acceso vascular en España: análisis de su distribución, morbilidad y sistemas de monitorización. JA Rodríguez Hernández, J López Peret y L. Piera. Nefrologia, Vol XXI: 45-51. 2001.

B.- Indicador: Porcentaje de pacientes prevalentes con catéteres tunelizados

Criterio: Es preciso minimizar el uso de catéteres tunelizados como acceso permanente (uso de catéter durante > 3 meses en ausencia de FAVI en maduración) para HD.

Fórmula
  Numerador: Número de pacientes prevalentes con catéteres tunelizados utilizados durante los 3 últimos meses del periodo en estudio.
  Denominador: Número de pacientes prevalentes en el periodo de estudio

Unidades: %

Periodicidad Anual

Estándar <10%1

Comentarios: Un número excesivo de catéteres centrales prevalentes puede indicar una mala colaboración de cirugía

Referencias:

1. NKF-K/DOQI: Clinical practice guidelines for vascular access: update 2000. Am J Kidney Disease 37 (1). 2001.
2. Vascular access use in Europe and the United States: Results from the DOPPS. Kidney International, Vol 61 (2002); 305-316

C.- Indicador: Porcentaje de infecciones en catéteres tunelizados.

Criterio: Las complicaciones infecciosas son las más frecuentes de los catéteres tunelizados y suponen una morbilidad importante para los pacientes en HD.. Es preciso maximizar el cuidado del catéter para prevenirlas.

Fórmula:
Numerador: Número de infecciones relacionadas con el catéter tunelizado
Denominador: Pacientes con catéter tunelizado en el periodo de estudio

Unidades: %

Periodicidad Trimestral y anual.

Estándar <10% infecciones en los 3 primeros meses tras colocación < 50% infecciones catéter-año

Comentarios: Puede indicar un mal manejo de los catéteres por parte de enfermería.

Referencias:

3. NKF-K/DOQI: Clinical practice guidelines for vascular access: update 2000. Am J Kidney Disease 37 (1). 2001.
4. Vascular access use in Europe and the United States: Results from the DOPPS. Kidney International, Vol 61 (2002); 305-316

3.- METODOLOGIA

En la elaboración de este documento han participado de forma desinteresada diferentes representantes de las siguientes Sociedades Profesionales, Sociedad Española de Nefrología, Sociedad Española de Angiología y Cirugía Vascular
Sociedad Española de Radiología Vascular Intervensionista, Sociedad de Enfermedades Infecciosas y Microbiología Clínica, Sociedad Española de Enfermería Nefrológica.

Se ha realizado una revisión extensa de la literatura relacionada con el tema y se han considerado y recogido sus conclusiones en diferentes reuniones de trabajo. Así mismo se ha valorado el criterio de publicaciones monográficas como K/DOQI, Guías Canadienses, Algoritmos de la Vascular Access Society y European Best Practice Guidelines for Haemodialysis, con la finalidad de adaptar sus recomendaciones a la situación concreta del problema del AV en nuestro país El objetivo de este documento es el de elaborar una serie de recomendaciones, y estrategias basadas en diferentes niveles de evidencia científica, con la finalidad de prestar ayuda a los profesionales en la toma de decisiones, frente a los diferentes problemas originados por el AV de los pacientes.

El grupo de trabajo considera que estas Guías recogen información documentada y actual, son apropiadas, razonables y asumibles para su aplicación en todas las Unidades de HD, siempre de que disponga de los recursos asistenciales necesarios.

Sin embargo, hay que tener en cuenta que este documento es inicial, se ha tenido que realizar con cierta premura por obligaciones de calendario y precisará necesariamente una revisión y adaptación que recoja las innovaciones futuras.

Además se considera abierto a incorporar las sugerencias propuestas por los miembros de las Sociedades implicadas en el proyecto.

3.1.- DEFINICION DE LOS CRITERIOS DE EVIDENCIA

A las Guías se les ha otorgado los siguientes criterios de evidencia relacionados con la calidad de los artículos que se señalan en la bibliografía:

-Evidencia A: Meta-análisis de varios artículos prospectivos controlados.
-Ensayos clínicos controlados.
-Evidencia B: Estudios clínicos observacionales.
-Estudios experimentales.
-Estudios comparativos.
-Estudios de correlación.
-Evidencia C: Trabajos monográficos elaborados por expertos.

-Experiencia clínica u opiniones emitidas por autoridades en el tema.
-EvidenciaD: Opinión de consenso por el Grupo de Trabajo.

www.ingramcontent.com/pod-product-compliance
Lightning Source LLC
Chambersburg PA
CBHW021856170526
45157CB00006B/2466